T/CAGHP 033—2018

目　次

前言	Ⅲ
引言	Ⅳ
1　范围	1
2　规范性引用文件	1
3　术语和定义	2
4　基本规定	3
4.1　视频监测目的	3
4.2　视频监测任务	3
5　视频监测设备选址要求	3
5.1　选址原则	3
5.2　选址要求	3
6　视频监控系统技术要求	4
6.1　视频监控系统基本设备要求	4
6.2　视频监控系统供电设备要求	4
6.3　视频监控系统视频数据采集与传输要求	5
6.4　视频监测工作程序	6
6.5　视频监测设备施工标准技术要求	7
7　视频监控系统管理平台	7
7.1　管理功能要求	7
7.2　应用功能要求	7
8　视频监控系统安全运行技术要求	9
8.1　安全性要求	9
8.2　环境适应性要求	9
8.3　系统可靠性要求	9
8.4　电磁兼容性要求	9
9　资料整理	10
9.1　一般规定	10
9.2　监测资料要求	10
9.3　资料整理	10
9.4　监测数据处理分析	10
9.5　监测报告	11
附录 A（规范性附录）　地质灾害视频监测设计书编写提纲	12
附录 B（规范性附录）　视频监测设备施工标准	14
附录 C（资料性附录）　视频监测设备的地址编码要求	18

Ⅰ

附录 D（资料性附录） 音视频编解码标准 ………………………………………………………… 21
附录 E（规范性附录） 地质灾害视频监测报告编写提纲 …………………………………………… 24

前　言

本规程按照GB/T 1.1—2009《标准化工作导则　第1部分：标准的结构和编写》给出的规则起草。

本规程由中国地质灾害防治工程行业协会提出并归口。

本规程主要起草单位：中国地质调查局水文地质环境地质调查中心、中国地质环境监测院、甘肃省地质环境监测院、北京市地质研究所、杭州海康威视数字技术股份有限公司。

本规程主要起草人：曹修定、王晨辉、李鹏、吴悦、杜鹏、杨凯、陈红旗、李瑞冬、齐干、刘彬、张楠、王洪磊、郭伟、潘书华、桑文翠、宋晓玲、毕远宏、冒建。

本规程由中国地质灾害防治工程行业协会负责解释。

引 言

为推动地质灾害防治工程行业健康发展，根据《国土资源部关于编制和修订地质灾害防治行业标准工作的公告》（国土资源部公告 2013 年第 12 号）的要求，确定将《地质灾害视频监测技术规程》纳入地质灾害防治行业标准。由中国地质调查局水文地质环境地质调查中心牵头，中国地质调查局水文地质环境地质调查中心作为主编单位，会同有关科研院所组成编制组，经过广泛调查研究，认真总结我国地质灾害视频监测实践经验和科研成果，参考国内外相关行业的工程技术规范，在广泛征求意见的基础上，制订本规程。

本规程共分为九章，包括范围、规范性引用文件、术语和定义、基本规定、视频监测设备选址要求、视频监控系统技术要求、视频监控系统管理平台、视频监控系统安全运行技术要求、资料整理以及附录。

T/CAGHP 033—2018

地质灾害视频监测技术规程(试行)

1 范围

本规程规定了地质灾害视频监测设备选址要求，视频监控系统组成、技术要求、管理平台，视频监控系统安全性、环境适应性、系统可靠性及电磁兼容性等要求。

本规程适用于滑坡、崩塌、泥石流三种地质灾害的视频监测。

2 规范性引用文件

下列文件对于本规程的应用是必不可少的。凡是注日期的引用文件，仅所注日期的版本适用于本规程。凡是不注日期的引用文件，其最新版本(包括所有的修改单)适用于本规程。

GB 16796—2009　安全防范报警设备　安全要求和试验方法
GB 50204—2015　混凝土结构工程施工质量验收规范
GB 50348—2018　安全防范工程技术规范
GB 50395—2007　视频安防监控系统工程设计规范
GB 50343—2012　建筑物电子信息系统防雷技术规范
GB/T 15211—2013　安全防范报警设备　环境适应性要求和试验方法
GB/T 17626.2—2006　电磁兼容　试验和测量技术　静电放电抗扰度试验
GB/T 17626.3—2016　电磁兼容　试验和测量技术　射频电磁场辐射抗扰度试验
GB/T 17626.4—2008　电磁兼容　试验和测量技术　电快速瞬变脉冲群抗扰度试验
GB/T 17626.5—2008　电磁兼容　试验和测量技术　浪涌(冲击)抗扰度试验
GB/T 17626.11—2008　电磁兼容　试验和测量技术　电压暂降、短时中断和电压变化的抗扰度试验
GB/T 28181—2016　公共安全视频监控联网系统信息传输、交换、控制技术要求
GB/T 2260—2007　中华人民共和国行政区划代码
GB/T 33475.2—2016　信息技术　高效多媒体编码　第2部分:视频(AVS2)
GB/T 4208—2017　外壳防护等级(IP)代码
DZ/T 0220—2006　泥石流灾害防治工程勘查规范
DZ/T 0261—2014　滑坡崩塌泥石流灾害调查规范(1∶50 000)
DZ/T 0221—2006　崩塌、滑坡、泥石流监测规范
GA/T 75—1994　安全防范工程程序与要求
GA/T 367—2001　视频安防监控系统技术要求
JGJ/T 16—2008　民用建筑电气设计规范
ISO/IEC 14496—2　MPEG-4
ITU-T　G.711　音频信号的脉冲编码调制(PCM)
ITU-T　G.722　音频解码方式

ITU-T G.723 语音压缩编解码算法
ITU-T G.723.1 语音编解码协议
ITU-T G.729 电话宽带语音信号编码的标准
ITU-T H.264 高级视频编解码协议
ITU-T H.265 高效视频编码
IETF RFC 2326—1998 实时流媒体传输协议(RTSP)
泥石流防治工程勘察规范

3 术语和定义

下列术语和定义适用于本文件。

3.1
视频监测 video monitoring
利用视频探测技术对地质灾害体进行监测并记录现场视频图像信息的一种监测手段。

3.2
前端系统 front end system
实现音视频、数据、告警及状态等信息采集和双向传送、控制功能的软件和硬件。

3.3
前端设备 front end device
一般包括一体化摄像系统或视频服务器及外围设备、摄像机、云台设备、告警开关、供电设备、本地控制及与平台连接设备等。

3.4
视频探测报警 video detecting alarm
指利用视频探测技术甄别现场图像变化，达到设定阈值即发出报警信息的一种报警手段。

3.5
视频信号丢失报警 video signal loss alarm
视频信号的峰值小于设定值，系统即视为视频信号丢失，并给出报警信息的一种系统功能。

3.6
视频传输 video transmitting
将视频图像信号从一处传到另一处，从一台设备传到另一台设备。由传输设备和传输链路组成，负责视频图像数据的传输。

3.7
视频存储 video store
一般由存储设备组成，负责视频监控系统的视频图像数据存储。

3.8
显示控制 display control
一般包括显示设备、解码控制设备等，负责图像信息在显示设备上的展示。

3.9
视频监控管理平台 video surveillance management platform
对前端系统进行管理和控制，为应用系统及多区域视频监控系统互联提供服务的软件和硬件。

由中心管理模块、数据库模块、流媒体转发模块、系统级联模块等部分组成,负责对视频监控系统进行集中管理并向使用者提供实时视频监控、远程控制、报警接收和录像查询、回放等功能。

3.10

视频监控系统 video surveillance system

对音视频、数据、告警及状态等信息进行远程采集、传输、储存、处理,对云台、镜头等设备进行控制,独立完成视频监控相关功能的软硬件系统。

4 基本规定

4.1 视频监测目的

4.1.1 获取崩塌、滑坡、泥石流形成的演变过程中造成的形态变化,为预警、防治决策研究提供直观可视化视频监测图像或影像数据。

4.1.2 为崩塌、滑坡、泥石流防治工程勘查、设计、施工和运营提供资料。

4.2 视频监测任务

4.2.1 根据监测目的,确定监测内容,根据选择适宜的监测方法、监测精度要求,布设视频监测点。

4.2.2 运行和维护地质灾害视频监测网络,及时查看视频监测图像和影像数据,分析地质灾害变形特征,评价其稳定性和发展趋势。

5 视频监测设备选址要求

5.1 选址原则

针对崩塌、滑坡、泥石流地质灾害特点与规模,前端设备选址应遵循如下原则:
a) 应保证设备运行的稳定性;
b) 应保证监测目标灾害体变形破坏特征的全过程,并清晰完整地记录和存储;
c) 应保证目标灾害体在视频监测最远距离范围内,若单一设备无法满足监测需求,应合理增加监控点数量;
d) 应远离监测目标灾害体的威胁范围;
e) 应符合《崩塌、滑坡、泥石流监测规范》(DZ/T 0221—2006)中 7.3.3.4 中对目标灾害体的监测要求,设备布设数量视目标灾害体危险性和测点代表性而定。

5.2 选址要求

监测设备选址应在《滑坡崩塌泥石流灾害调查规范(1∶50 000)》(DZ/T 0261—2014)中对目标灾害体详细调查的基础上,按照目标灾害体的规模及易发性合理选址及布设监测设备的数量。

5.2.1 崩塌体选址要求

a) 选取崩塌体威胁范围以外,且能够清晰拍摄到整个崩塌体的安全区域;
b) 若崩塌体有单一形变裂缝时,选取能够固定画面,同时可清晰拍摄到该形变裂缝的安全区域;
c) 若崩塌体有多条形变裂缝时,选取能够固定画面,同时可清晰拍摄到多条形变裂缝,且设备能够同时监测多条形变裂缝的安全区域。

5.2.2 滑坡体选址要求

a) 选取正对滑坡体主滑方向,且能够清晰拍摄到整个滑坡体的安全区域;
b) 若滑坡体两侧有明显形变迹象,选取两侧能够固定画面,同时可清晰拍摄到形变迹象的安全区域;
c) 若滑坡体后缘有弧形拉裂缝,选取后缘能够固定画面,同时可清晰拍摄到弧形裂缝的安全区域。

5.2.3 泥石流选址要求

a) 泥石流形成区,选取能够清晰拍摄到相对集中的松散物源的安全区域;
b) 泥石流流通区,若有流域面积大于或等于1/5主沟流域面积的支沟,且物源丰富,选取能够同时清晰拍摄到主沟和支沟交汇处的安全区域;若无上述情况,选取流通区中下段,视野开阔,且能够最大限度清晰拍摄到主沟道内的距离为准;
c) 若沟道内已有拦挡工程,应增设监测设备,选取拦挡工程上游10 m范围内的安全区域。

6 视频监控系统技术要求

6.1 视频监控系统基本设备要求

6.1.1 视频监控系统具有现场视频数据采集、传输、分析处理与逻辑控制、显示、存储、查询、回放等基本功能。

6.1.2 视频监测设备可为一体化摄像机,也可为摄像机、NVR分离式监测设备。

6.1.3 存储设备要求:

a) 存储设备应记录视频数据完整的特征信息;
b) 存储设备应支持MPEG-4、H.264、H.265编码格式的前端接入并录像;
c) 存储设备应兼容《公共安全视频监控联网系统信息传输、交换、控制技术要求》(GB/T 28181—2016)国家标准;
d) 存储设备应支持iSCSI、CIFS、NFS、FTP、HTTP、AFP、RSYNC等存储协议。

6.1.4 参与联网的视频监控系统联网共享的音视频编解码都应遵循以下要求:

a) 视频压缩编解码标准宜采用H.264/MPEG-4或AVS标准;
b) 音频编解码标准宜采用ITU-T G.711标准。

6.1.5 显示设备要求:

a) 显示设备可实现视频图像监视功能,可采用各种拼接大屏幕(包括LCD、DLP、等离子等)、监视器、液晶显示器等显示设备组成图像显示系统;
b) 显示设备至少提供VGA、HDMI接口,宜支持网络源直接接入显示等。

6.2 视频监控系统供电设备要求

6.2.1 系统供电设计应符合《安全防范工程技术规范》(GB 50348—2018)中3.12的独立电源供电、设备分类供电要求。

6.2.2 前端设备、视频分析处理与逻辑控制设备、视频传输设备可采用交流供电或直流供电,监控中心供电建议采用交流供电。

6.2.3 交流供电要求如下：
   a) 单相电压：220 V，±5%；
   b) 交流电压频率：50 Hz，±2%；
   c) 交流电源功率：不低于300 W。

6.2.4 直流供电要求如下：直流供电可支持12 V或24 V，−15%～+20%，蓄电池容量不低于100 AH。

6.3 视频监控系统视频数据采集与传输要求

6.3.1 视频监控系统视频数据采集要求

6.3.1.1 前端设备应清晰、有效采集地质灾害现场图像并记录现场音频，可提供地质灾害现场音视频数据实时浏览。

6.3.1.2 视频采集设备应适应现场环境条件，具备夜视功能，可提供白天和夜间标清、高清或超高清实时视频数据。

6.3.1.3 摄像机应满足以下技术参数要求。

6.3.1.3.1 摄像机图像要求
   a) 图像传感器：CCD或CMOS；
   b) 摄像机分辨率应大于或等于1 280×720；
   c) 最低照度要求应满足：彩色模式小于或等于0.1 lx，黑白模式小于或等于0.01 lx；
   d) 摄像机的宽动态能力应大于100 dB。

6.3.1.3.2 压缩标准
应支持标准H.264或H.265编码。

6.3.1.3.3 一般要求
   a) 摄像机应使用DC 12V或DC24V供电，且在大于±25%范围内变化时无需调整就可以正常工作；
   b) 摄像机应具备在−30 ℃～60 ℃，湿度小于93%环境下稳定工作的能力；
   c) 摄像机应具有时间、日期的字符叠加、记录和调整功能，字符叠加应不影响对图像的监视和记录效果，字符时间与标准时间的误差应在±30s以内。

6.3.1.3.4 云台要求
   a) 云台解码器可支持多种协议，应至少包括PELCO-D协议和PELCO-P协议；
   b) 球机应支持水平手控速度不小于360°/s，垂直手控速度不小于120°/s，水平旋转范围为360°连续旋转，垂直旋转范围为−5°～90°；
   c) 球机应支持不少于256个预置位，不少于6条巡航扫描；
   d) 支持编程预置位功能。

6.3.1.3.5 保护罩
   a) 防护等级不低于IP66标准；
   b) 根据现场可选择加配加热器、风扇、除霜器、雨刷、遮阳罩等辅助设备。

6.3.2 视频监控系统视频数据传输要求

6.3.2.1 视频监控系统视频数据传输可采用有线或无线网络方式将地质灾害现场视频数据传输到

监控中心。

6.3.2.2 有线网络传输方式可采用室外用屏蔽双绞线或光纤传输方式。

6.3.2.3 无线网络传输方式可采用3G、4G、微波、WiFi、海事卫星等方式。

6.3.2.4 传输网络层应支持IP协议,传输层应支持TCP和UDP协议。

6.3.2.5 网络传输的延迟、带宽和质量,应符合《公共安全视频监控联网系统信息传输、交换、控制技术要求》GB/T 28181—2016中传输基本要求。

6.4 视频监测工作程序

6.4.1 地质灾害视频监测应在对地质灾害详细调查的基础上按图1进行。

6.4.2 接受上级部门或建设方等单位的监测任务委托。

6.4.3 监测前期准备工作宜包括下列内容:
  a) 收集拟监测地质灾害体的区域自然地理、地质条件、地质灾害调查等资料;
  b) 收集地质灾害周边环境资料,可采用拍照、录像等方法保存有关资料;
  c) 进行现场踏勘,复核相关资料与现状的关系,确定视频监测项目现场实施的可行性。

6.4.4 监测单位应综合考虑地质灾害的类型和特点、地质灾害产生的地质背景与形成条件,依据监测目的、监测任务要求及监测对象等因素,编制监测设计书。

6.4.5 监测设计书宜包括以下内容:项目由来,监测目的、任务及编制依据,自然条件和地质环境,地质灾害特征、成因和稳定性分析,地质灾害视频监测点设计,视频监测内容、监测网点及监测方法选择,视频监测实施方案、工作部署、实物工作量、监测资料整理、经费预算、附图等。监测设计书编写应符合附录A的规定。

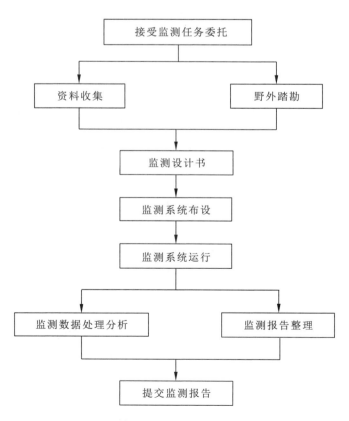

图1 地质灾害视频监测工作流程图

6.5 视频监测设备施工标准技术要求

视频监测设备施工标准技术要求见附录B。

7 视频监控系统管理平台

7.1 管理功能要求

7.1.1 前端设备管理

管理平台应支持前端设备添加、参数设定及连接测试等设备管理功能。

7.1.2 服务器管理

管理平台应支持服务器关系设定、离线、在线、正常、故障、无应答等状态检测功能。

7.1.3 报警管理

管理平台应支持对报警类型、等级、接收、处理情况记录等全过程管理功能。

7.1.4 用户及权限管理

管理平台应支持对系统用户、用户组及用户权限进行管理等功能。

7.1.5 计划管理

管理平台应支持对录像计划、布防计划管理等功能。

7.1.6 日志管理

管理平台应支持日志类别维护以及日志的模糊查询、组合条件查询等功能。

7.2 应用功能要求

7.2.1 用户配置

应支持配置用户接入的平台地址、用户录像及图片文件存放路径。

7.2.2 用户认证

应支持输入用户名、密码及用户域信息，进行用户认证，可实现用户优先级权限等级设定。

7.2.3 设备表

应支持用户认证后平台返回设备表，客户端可对其进行显示。视频监测设备的地址编码要求参见附录C。

7.2.4 功能扩展

可通过开放的接口或控件等形式进行功能扩展。

7.2.5 实时视频监控

管理平台应实现对地质灾害现场的实时视频监控、支持视频自动巡视功能、支持通过网络在远程计算机上进行实时监控。

7.2.6 音视频解码器要求

参与联网的视频监控系统联网共享的音视频编解码应符合附录 D 相关要求,并遵循以下要求:
a) 视频压缩编解码标准宜采用 H.264/MPEG-4 或 AVS 标准;
b) 音频编解码标准宜采用 ITU-T G.711/G.722/G.723.1/G.729/MP3 标准。

7.2.7 云镜控制

云镜控制应包括如下两点:
a) 云台控制:云台的上、下、左、右转动,巡航的设置及调用,预置位设置及调用,云台转动的步进值和速度的设置,并应支持雨刮、辅助灯光开关功能;
b) 镜头控制:应支持镜头的变倍、调焦(具有手动和自动调焦功能)、光圈(具有手动和自动光圈调节功能)控制。

7.2.8 视频录像

应支持手动录制、定时录制和告警录制模式:
a) 手动录制:按照用户的指令录像;
b) 定时录制:根据系统中用户预置的时间表录像;
c) 告警录制:由系统中事件(告警、图像运动检测)触发录像。

7.2.9 报警功能

报警功能应包括以下内容:
a) 管理平台应能在进行监控操作时优先自动显示报警时间及报警内容;
b) 现场前端设备多点位同时发生视频信号丢失报警时,管理平台应能按报警级别高低优先和时间优先的原则进行动作;
c) 管理平台应能根据触发报警信号进行联动处理,联动处理动作包括启动视频传输、视频报警录像、图片抓拍等。

7.2.10 录像查询回放

应提供方便的录像查询手段,可根据时间、地点、设备和告警类型等信息查询。根据查询结果进行回放时,可实现播放、快放、慢放、单帧放、拖曳、暂停等功能。可选择实现多路图像同步回放功能。

7.2.11 信号联动

用户应能在收到告警及信号信息时自动调出相关画面,可放大显示,并同时发出信息,直到用户确认操作,也应能进行状态量信号输出,触发联动录像或者图片抓拍等动作。

7.2.12 实时语音

应能实现现场声音实时监听、点对点远程对讲、用户对前端系统多点语音广播功能。

7.2.13 抓图

应支持手动抓图、定时抓图和告警抓图。

7.2.14 互联互通要求

视频监控系统的各级视频监控管理平台应具备与其他监控管理平台互联互通，共享音视频资源的能力。各级独立的监控管理平台应具备平台外部接口，可通过网络实现各级平台视频监控资源的共享。视频监控系统宜提供"B/S架构""C/S架构"的实际应用需求接口。

8 视频监控系统安全运行技术要求

8.1 安全性要求

a) 视频监控系统所用设备应符合《安全防范报警设备 安全要求和试验方法》(GB 16796—2009)和相关产品标准规定的安全要求；
b) 视频监控系统安全性应符合《安全防范工程技术规范》(GB 50348—2018)的相关规定；
c) 视频监控系统所用设备应具备一定的安全防护性，同时避免引入安全隐患；
d) 平台设备应布设防火墙或正、反向安全隔离装置进行边界防护，制订安全策略，在设备上应安装防病毒软件；
e) 视频监控系统接地应符合电子设备的雷电防护要求；
f) 视频监控系统应有防雷击措施，宜设置电源与信号避雷装置。

8.2 环境适应性要求

a) 视频监控系统使用的设备应满足《安全防范报警设备 环境适应性要求和试验方法》(GB/T 15211—2013)中高低温适应性的相关规定；
b) 视频监控系统使用的设备应满足《安全防范报警设备 环境适应性要求和试验方法》(GB/T 15211—2013)中湿度的相关规定。

8.3 系统可靠性要求

a) 视频监控系统所使用设备的平均无故障间隔时间(MTBF)应不小于5 000 h；
b) 视频监控系统验收后的首次故障时间应大于3个月。

8.4 电磁兼容性要求

a) 系统电磁兼容性应符合《安全防范工程技术规范》(GB 50348—2018)的相关规定；
b) 按照《电磁兼容 试验和测量技术 静电放电抗扰度试验》(GB/T 17626.2—2006)中规定的静电放电抗扰度试验和符合性判定的要求；
c) 按照《电磁兼容 试验和测量技术 射频电磁场辐射抗扰度试验》(GB/T 17626.3—2016)中规定的射频电磁场辐射抗扰度试验和符合性判定的要求；
d) 按照《电磁兼容 试验和测量技术 电快速瞬变脉冲群抗扰度试验》(GB/T 17626.4—2008)中规定的电快速瞬变脉冲群抗扰度试验和符合性判定的要求；
e) 按照《电磁兼容 试验和测量技术 浪涌(冲击)抗扰度试验》(GB/T 17626.5—2008)中规

定的浪涌（冲击）抗扰度试验和符合性判定的要求。

9 资料整理

9.1 一般规定

视频监测工作结束后，应及时整理视频监测数据，查看视频监测数据中是否存在地质灾害体形态变化，及时与已有视频监测数据进行比对分析，正确识别地质灾害体安全风险状态，必要时应及时发布预警。

9.2 监测资料要求

监测资料应符合以下规定：
a) 视频监测设备应有正式的施工记录表，详见附录B；
b) 视频监测设备施工记录表应有相应的工况描述；
c) 视频监测数据、报警事项均要存储到视频监控管理平台；
d) 视频监测数据应及时整理；
e) 对视频监测数据中发生的灾害体形态变化应及时分析；
f) 每次监测完成后，应随即对原始记录的准确性、可靠性、完整性进行检查和校验，并判断灾害体是否存在形态变化；
g) 视频监测数据处理之前，应对视频监测系统前端设备、传输设备、存储设备进行校验和审核，排除数据误差；
h) 监测过程中相应表述宜采用国际单位制。

9.3 资料整理

a) 对地质灾害视频监测点应统一编号，并编制地质灾害视频监测点基本情况表及监测点分布图；
b) 检查视频监测数据的正确性、准确性：应检查视频监测数据是否正确监控灾害体重点变形区，数据是否有丢失现象，数据记录是否准确、清晰、齐全；
c) 视频监测数据比对分析结果（人工分析或自动化分析）要记入视频监控管理平台；
d) 视频监测数据中的告警信号抓拍、报警录像应清晰记录在视频监控管理平台，并在日志管理中记录；
e) 及时编制视频监测数据比对分析结果报告，初步判断地质灾害体形态变化规律；
f) 资料整理过程中若发现确有地质灾害体存在异常，应立即排查该现象出现原因，并提出专项报告。

9.4 监测数据处理分析

a) 视频监测数据处理分析软件应经主管部门测试通过；
b) 视频监测数据可进行任意时段内的无损失剪辑、截取、录像回放；
c) 可实现视频监测数据中异常行为的智能识别与数据提取；
d) 可预先划定灾害体重点危险区域，通过监测数据可甄别出重点危险区域形态变化量及趋势判断；

e) 监测分析人员应具有较高的综合分析能力，做到正确分析、准确表达；
　　f) 监测分析人员应负责监测报告的真实性、可靠性，并对整个项目监测质量负责。

9.5 监测报告

9.5.1 阶段性监测报告宜以简报形式为主，一般包括周报、月报，必要时还包括日报、季报和年报等。

9.5.2 阶段性监测报告主要对视频监测数据进行整理、汇总，作出灾害体变形图像比对分析图表，并对该时段内的监测成果进行综合分析评价，并提出下一阶段工作安排及相关建议。

9.5.3 监测报告应简明扼要、突出重点、反应规律、结论明确。监测报告编写应符合附录 E 的要求。

附 录 A
(规范性附录)
地质灾害视频监测设计书编写提纲

A.1 设计书的总体框架结构

设计书的总体框架应包括前言、监测区概况、监测点设计及实施方案等。

A.2 前言

本部分应包括项目背景、监测目的、监测任务及编制依据。

A.3 监测区概况

本部分应包括以下内容：
a) 自然条件和地质环境；
b) 地质灾害特征、成因和稳定性分析；
c) 地质灾害危害对象。

A.4 地质灾害视频监测点设计

本部分应包括以下内容：
a) 监测等级划分；
b) 监测内容、监测网点及监测方法选择；
c) 监测期和监测频率的确定。

A.5 视频监测实施方案

本部分内容主要包括确定视频监测重点区域、监测摄像机选型、监测人员配备、项目运行方案等。

A.6 工作部署

根据工作目的及任务书或委托书要求，提出工作思路、工作部署原则，作出视频监测工作部署，并附相应的工作部署图，列出工作量，说明工作进度安排。

A.7 实物工作量

文字描述或列表说明总体工作部署和各类实物工作量。

A.8 监测资料整理

本部分应包括地质灾害视频监测平时资料整理、阶段性监测报告(文字报告、图件、数据库等)。

A.9 经费预算

本部分包括经费预算表格、预算说明。

A.10 组织结构及人员安排

说明监测工作承担单位，列表说明项目组成员姓名、年龄、技术职务、从事专业、工作单位及在项目中分工和参加本项目工作时间等。

A.11 质量保障与安全措施

说明保障监测工作完成的技术、装备、质量、安全及劳动保护等措施。

附图　地质灾害视频监测部署图

附 录 B
（规范性附录）
视频监测设备施工标准

B.1 视频监测设备施工总则

——视频监测设备应按照审核后的施工方案进行施工。
——应根据安装点实地情况，合理制定施工方案，确定施工时间、安装方式、施工材料、支架尺寸、保护措施。
——严格按照施工方案进行施工，施工所用材料质量不得低于施工方案要求，施工主要部件应满足"B.2 视频监测设备施工主要部件及关键步骤要求"。
——视频监测设备基础施工应符合现行国家标准《混凝土结构工程施工质量验收规范》（GB 50204—2015）的有关规定。
——施工过程应全程做好施工日志记录，主要内容包括：
- 施工时间、施工地点（坐标）、施工人员、技术负责人、质量检查员、施工器具等基本信息。
- 基坑开挖尺寸及平整度、地笼尺寸及加工质量、水泥标号、混凝土配比、基桩养护时间、基桩施工质量等。
- 立杆、支撑杆尺寸及安装质量、安装附件尺寸及安装质量、设备标定验收记录及安装质量等。
- 基桩、安装部件、监测设备验收单及过程记录。
- 关键施工步骤应进行拍照或摄像留存备查，记录好照片或视频编号。

——在施工过程中要做到防火、放电、防雷、防事故等预防性工作，保障施工人员及监测设备的安全。

B.2 视频监测设备施工主要部件及关键步骤要求

——材料：圆钢4根、螺纹钢8根、M20 mm×100 mm配套螺栓4个、M20配套螺母4个、M20平垫4个、M20弹垫4个。
——尺寸：圆钢Φ20 mm×600 mm、螺纹钢Φ10 mm×300 mm。
——制作方法：用8根螺纹钢将4根圆钢上下两层焊接牢固，相邻圆钢中心距300 mm。每根圆钢一头套扣120 mm（即螺栓长度），上扣钢板400 mm×400 mm×5 mm；钢板中心开孔，孔尺寸为Φ120 mm，钢板下用螺母调整位置，使螺栓外露长度60 mm。设计示意图如图B.1所示。
——所开挖基坑尺寸不小于600 mm×600 mm×800 mm（长×宽×深）。
——预埋件（地笼）采用地锚混凝土式基础，地笼上端为地脚螺栓螺纹，下端为夹角小于60°的折弯或其他类似防拔结构，地笼上端与监控立杆法兰盘应可靠连接。
——视频监测设备基础施工主要指监测预埋件（地笼）浇筑，视频监测支撑杆预埋件（地笼）采用钢筋混凝土结构，基坑采用人工或机械开挖，需浇铸混凝土基桩，水泥标号不低于425，养护期满后强度达到C30以上,水泥、石子、砂子、水配合比为1:2:4:0.7,施工过程中应充分搅拌捣实、不留空隙。
——基桩要求上表面光滑、水平,水泥基桩坚固耐用,平整美观。
——地笼地脚螺栓法兰盘以上的螺纹包扎良好,以防损坏螺纹,视频监测杆根据地笼安装图正确放置监测立杆预埋件。
——确保监测杆基础地笼保持水平,可用水平尺在水平、垂直两个方向测量,水平尺气泡必须居中。
——混凝土凝固时间不低于48 h,具体根据现场情况决定后方可安装视频监测杆。

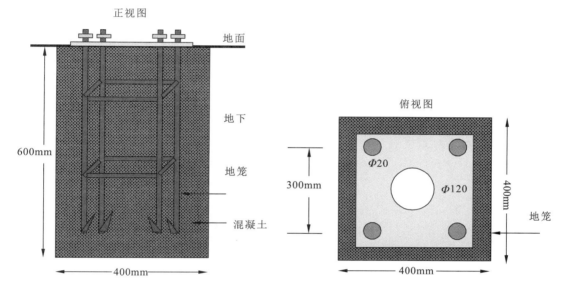

图 B.1 基础施工设计示意图

B.3 摄像机安装技术要求

——摄像机安装可根据现场情况选择安装方式,可以采用立杆、水平支架安装。
——摄像机安装应在监视目标不易受环境影响的地方,安装位置不影响现场人员办公和设备运行。
——摄像机如采用立杆方式安装,宜选用镀锌不锈钢管,立杆管径应不低于140 mm,建议摄像头在水平状态下离地高度不低于5 m。
——摄像机镜头避免强光直射、避光安装,保证在野外恶劣环境下的正常稳定工作。
——云台及云台解码器与摄像机的连接方式应严格按照云台解码器产品接线。
——摄像机在安装时应确保每个进线孔采用专业防护措施,以免对摄像机电路造成破坏。

B.4 监测杆安装技术要求

——监测杆安装应避免影响地质灾害现场交通及周围正常工作。
——监测杆在安装时应避免立杆表面喷漆掉落,应使用镀锌螺丝将立杆法兰盘与地笼进行可靠固定,同时螺母和螺杆之间要加垫圈和弹簧垫,固定完后需涂刷防锈漆,保证螺母与螺杆达到防锈目的。

——监测杆上方应用镀锌螺丝固定摄像机及摄像机支架，摄像机与监测杆之间的裸线应采用具有防护措施的塑料管保护。
——监测杆立杆须保证施工人员足够，保证顺利起杆。安装示意图如图 B.2 所示。

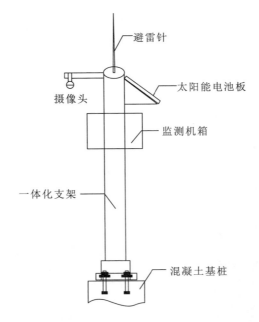

图 B.2 视频监测设备立杆安装示意图

B.3 地质灾害视频监测设备施工记录表

监测项目名称：
施工单位：   安装时间：
监测设备型号：   摄像机编号：

所属灾害点				
地形地貌		天气情况及气温		
施工地点坐标		高程		
施工安装位置				
安装施工质量检查表				
序号	检查部位	检查项目	检查结果	备注
1	基础地笼	安装平直度		
		混凝土标准		
		牢固性		
2	监测设备	立杆/水平支架安装		
		布线有序、有无外露		
		环境条件		
3	摄像机	布设方式		
		测点正确		
		参数设置准确无误		

地质灾害视频监测设备施工记录表(续)

序号	检查部位	检查项目	检查结果	备注
4	摄像机立杆、支架	符合甲方需求		
		立杆、支架环境是否合适		
		安装是否牢靠		
5	通讯	通讯环境检查		
		联机运行检查		
		通讯正确显示		
6	接地	接地电阻小于4Ω(仪表接地汇流排)		

施工安装负责人：　　　　　质量检查人：　　　　　项目负责人：　　　　　年　月　日

附 录 C
（资料性附录）
视频监测设备的地址编码要求

C.1 对象编码结构

对象编码采用分级分域的编码方法，具体对象编码结构如图 C.1 所示。

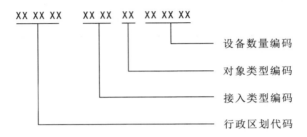

图 C.1 对象编码结构

对象编码按照数字编码的方式，每一位的数字编码范围为：0～9。

C.2 对象编码规则

——行政区划代码

依据《中华人民共和国行政区划代码》(GB/T 2260—2007)进行编码。

——接入类型编码

依据不同监测场景类型进行编码(表 C.1)。

表 C.1 接入类型编码表

接入场景	代码
崩塌	0000
滑坡	0001
泥石流	0002
……	0003

——对象类型编码

对象类型编码包括了设备类型码和用户角色类型码。同时，当编码对象为联网平台时，对象类型编码的值固定为 99；当编码对象为站点时，对象类型编码固定为 98(表 C.2)。

表 C.2 对象类型编码表

设备类型	设备名称	代码
视频采集设备 （代码范围：01～15）	智能网络高速球机	01
	网络中速球机	02
	网络固定摄像机	03
	智能高速球机	04
	中速球机	05
	云台摄像机	06
	固定摄像机	07
	红外热成像摄像机	08
	……	09
报警设备（代码范围：16～30）	红外对射	16
	红外双鉴	17
	水侵联动	18
	雨量联动	19
	裂缝位移联动	20
	……	21
环境变量监测设备 （代码范围：31～40）	温度传感器	31
	湿度传感器	32
	风速传感器	33
	……	34
存储/传输/网络设备 （代码范围：41～50）	数据存储设备	41
	射频增强设备	42
	光端机	43
	网络延伸器	44
	交换机	45
	防火墙	46
	……	47
视频接入设备 （代码范围：51～60）	工控机＋板卡DVR	51
	嵌入式DVR/DVS	52
	IP有线网络摄像机	53
	无线网卡	54
	……	55

表 C.2 对象类型编码表(续)

设备类型	设备名称	代码
控制设备 (代码范围：61～70)	灯光控制器	61
	云镜控制器	62
	报警控制器	63
	视频切换控制器	64
	……	65
其他设备 (代码范围：71～80)	辅助照明设备	71
	时钟同步装置	72
	视频解码设备	73
	打印机	74
	地图	75
	监控区域	76
	监控场景	77
	……	78

——设备数量编码

各个部门按照设备类型规定的代码，分别按照时间顺序对每种设备进行顺序添加编号，每种对象均从 000 001 开始。

附 录 D
（资料性附录）
音视频编解码标准

D.1 音频协议

视频监控前端设备单元及视频监控平台所采用的音频编解码器应符合《音频信号的脉冲编码调制（PCM）》（ITU-T G.711A）标准。

D.2 视频协议

视频监控前端设备单元的视频编解码器应支持以下标准中的一种：
a) H.264；
b) MPEG-4 Part2；
c) AVS-P2。

推荐采用 H.264。系统采用 H.264 视频编解码标准时，应至少支持 H.264 Constrained Baseline Profile，不应包含私有数据格式。具体的视频编码及解码规则应符合 H.264 编解码器要求。

D.3 H.264

D.3.1 编码器要求

D.3.1.1 基本要求

D.3.1.1.1 传输格式

应支持双码流编码模式，即主码流和辅码流；主码流和辅码流实时传输应采用符合《实时流媒体传输协议（RTSP）》（IETF RFC 2326—1998）标准的 RTSP 协议。

D.3.1.1.2 分辨率

主码流的视频分辨率应至少达到 4CIF/D1，辅码流的视频分辨率应至少达到 QCIF。

D.3.1.1.3 码流带宽

主码流带宽至少为 128 kbit/s～4 Mbit/s，辅码流带宽至少为 64 kbit/s～1 Mbit/s。

D.3.1.1.4 码流封装格式

主码流和辅码流应采用 RTP 封装，应符合 RFC 3016 和 RFC 3984。

D.3.1.2 H.264 Constrained Baseline Profile 要求

编码器应支持 H.264 Constrained Baseline Profile，包括如下选项：
a) 支持 H.264/MPEG-4 Part 10 基本语法格式；
b) 支持 I Slices、P Slices，其中 P Slice 只支持 1 个参考帧（I and P Slice）；
c) 支持 CAVLC 自适应变长编码（CAVLC Entropy Coding）；
d) 支持 Loop Filter 环路滤波（In-Loop Deblocking Filter）；
e) 支持整像素、1/2 运动搜索和 1/4 运动搜索。

D.3.1.3 H.264 Main Profile 要求

编码器建议支持 H.264 Main Profile，包括以下选项：

a) 支持 Interlace 编码格式;
b) 支持 B Slices 编码,B Slices 仅使用 2 个参考帧,B Slices 本身不作参考;
c) 支持 CABAC。

D.3.2 编码器码流限制

为了保证码流解析的效率,对编码器产生的码流有如下限制:
a) 比特流中应当在每个 I 帧之前都出现相应的 SPS 和 PPS;
b) 当一个视频帧被分成多个 Slice 进行编码时,比特流中应当出现 AUD 语法元素进行划界;
c) 应支持 CBR 和 VBR 两种码率控制方式,CBR 码率波动不应超过 15%。

D.3.3 H.264 级别(Level)要求

对于标清及以下应用,H.264 编码 Level 不应超过 3.0,对于高清应用 Level 一般不超过 4.2。

D.3.4 IL264 解码器要求

解码器应支持 D.3.1.2 定义的 H.264 Constrained Baseline Profile 全部选项,并建议支持 D.3.1.3 定义的 Main Profile 选项。

D.4 MPEG-4 Part2 编码器要求

D.4.1 基本要求

视频码流的语法内容应符合 ISO/IEC 14496—2,应至少支持 D.4.2 定义的 MPEG-4 Simple Profile 要求,宜支持如 D.4.1.3 定义的 MPEG-4 Advanced Simple Profile 要求,不应包含私有数据格式。

D.4.2 MPEG-4 Simple Profile 要求

MPEG-4 编解码器必须支持 MPEG-4 Simple Profile,包括如下选项:
a) 支持 I-VOP 和 P-VOP;
b) 支持 AC/DC 预测;
c) 可支持 4-MV;
d) 可支持 Unrestricted MV。

D.4.3 MPEG-4 Advance Simple Profile 要求

MPEG-4 编解码器宜支持 MPEG-4 Advance Simple Profile,包括如下选项:
a) 支持 B-VOP;
b) 支持 Interlace。

D.4.4 MPEG-4 级别(Level)要求

对于标清及以下应用,MPEG-4 编码 Level 不宜超过 5.0。

D.5 AVS-P2 编码器要求

D.5.1 基本要求

AVS宜使用最新版本。

视频码流的语法内容应符合《信息技术 高效多媒体编码 第2部分：视频（AVS2）》（GB/T 33475.2—2016），应至少支持D.5.2定义的Jizhun Profile要求，不应包含私有数据格式。

D.5.2 AVS Part2 Jizhun Profile 要求

AVS P2编解码器应支持AVS Part2 Jizhun Profile，包括如下选项：
a) I Picture 和 P Picture，其中P Picture只支持1个参考帧（I and P Picture）；
b) 2D-VLC变长编码；
c) Loop Filter 环路滤波（In-Loop Deblocking Filter）。

D.5.3 AVS P2 级别（Level）要求

对于标清及以下应用，AVS Part2编码Level不宜超过4.0，对于高清应用Level不宜超过6.0。

附 录 E
（规范性附录）
地质灾害视频监测报告编写提纲

E.1 前言

本部分应包括以下内容：

a) 项目背景

项目来源、监测目的与任务、工作时间与范围；

b) 工作部署、工作方法及主要完成工作量。

E.2 监测区概况

本部分应包括以下内容：

a) 地质环境背景；

b) 地质灾害发育特征；

c) 监测现状及存在问题。

E.3 监测网建设

本部分应包括以下内容：

a) 监测点建设

说明监测对象、布设依据、布设方法和优化调整情况；

b) 监测方法

说明视频监测采取的监测方法，说明监测设备名称、型号及相关参数；

c) 工作量

文字描述或列表说明各类实际完成工作量；

d) 质量评述

完成的工作质量评述。

E.4 数据处理

本部分应包括以下内容：

a) 采集的主要数据；

b) 数据处理方法；

c) 数据处理结果分析；

d) 地质灾害稳定性趋势分析与判断。

E.5 结论与建议

根据地质灾害现状及发展趋势，有针对性地提出地质灾害防治建议和措施。

附图　地质灾害视频监测布置图

附表　地质灾害视频监测施工记录表等原始记录表格

各位专家、从业人员：

《地质灾害视频监测技术规程(试行)》(T/CAGHP 033—2018)于2018年10月1日发布试行。为进一步提高规程质量，提升规程的适用性，我们将在规程试行过程中继续征求意见。各位专家、从业人员在规程使用中，如发现存在不妥之处，请填写征求意见表，并通过邮件的方式发送给编制单位。

联系方式

联系人：曹修定

电　话：13780227488

邮　箱：30215588@qq.com

征求意见表

标准名称			
专家姓名		所在单位	
职称/职务		联系方式	
序号	章节	意见内容	修改建议
1			
2			
…			

图书在版编目(CIP)数据

地质灾害视频监测技术规程(试行)
T/CAGHP 033—2018
中国地质灾害防治工程行业协会编著.
—武汉:中国地质大学出版社,2018.10
ISBN 978-7-5625-4413-5

Ⅰ.①地… Ⅱ.①中… Ⅲ.①地质灾害-视频系统-监测系统-技术操作规程-中国 Ⅳ.①P694-65

中国版本图书馆CIP数据核字(2018)第215087号

*

| 选题策划:毕克成 刘桂涛 |
| 责任编辑:张 琰 李应争 责任校对:张咏梅 |

开本:880毫米×1 230毫米 1/16
印张:2 字数:63千字
2018年10月第1版 2018年10月第1次印刷
中国地质大学出版社出版发行
武汉市洪山区鲁磨路388号
网址:http://cugp.cug.edu.cn
发行中心:(027)67883511
传真:(027)67883580
印刷:武汉市籍缘印刷厂
经销:全国新华书店

如有印装质量问题请与印刷厂联系调换
版权专有 侵权必究

定价:36.00元